AF456206

Les Alpes,
leurs forêts
et les hommes primitifs

par

C. de Kirwan

Extrait de la Revue des questions Scientifiques
d'Octobre 1893.

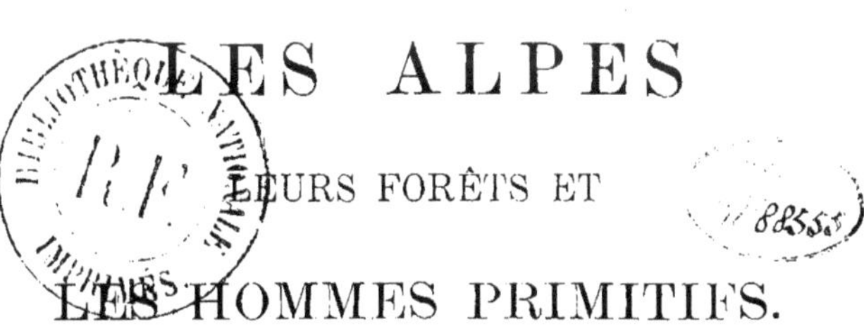

LES ALPES
LEURS FORÊTS ET
LES HOMMES PRIMITIFS.

« Tout est dans tout », a dit je ne sais plus quel penseur. Ce qui doit, sans doute, s'entendre en ce sens que, d'un fait particulier, il est toujours possible de s'élever à des faits de plus en plus généraux et, finalement, d'embrasser toutes choses.

Le massif orographique des Alpes est assurément un grand fait géologique, en même temps qu'un détail considérable du relief actuel du globe et un élément non sans valeur dans l'histoire de l'*évolution* humaine, pour employer un terme à la mode du jour.

Tirer de ce fait géologique toute la cosmogonie aujourd'hui admise, depuis la fameuse théorie de Laplace jusqu'aux systèmes orogéniques des Élie de Beaumont, des Lapparent et des Suess; décrire à ce propos l'orographie générale de l'Europe et de l'Asie, et retracer l'historique des étapes de l'esprit humain dans la recherche et l'étude de la formation et de la constitution de notre sphéroïde, ce serait là une conception hardie autant que grandiose.

Un coup d'œil étendu, à ce propos, sur les différentes ères géologiques et les âges préhistoriques, réels ou supposés, qui les auraient suivies, à partir de la pierre éclatée des carrières tertiaires de Thenay jusqu'aux palaffites, aux mégalithes et à l'emploi du bronze ; d'intéressantes dissertations, à ce sujet, sur les points de contact de la cosmogonie, de la géologie et de la préhistoire avec l'Écriture sainte, suivies du tableau ethnographique des grandes migrations de peuples à travers les défilés, les vallées et les cols de ce vaste massif montagneux, d'orient en occident, d'occident en orient, du nord au sud, accompagnées de tous les faits mythologiques et légendaires qui s'y rattachent, ce serait là encore un ensemble de vues et d'aperçus généraux qui ne le céderait point aux précédents.

Il y aurait certainement un non moindre intérêt à passer de là à la description d'ensemble et de détail des vingt-huit ou trente chaînes particulières, réparties en Alpes Occidentales, Centrales et Orientales, entre lesquelles se partage le massif alpin tout entier ; à donner le tableau des sommets, des passages, des cols, des seuils, des « cluses », des points remarquables qui sont à y signaler, des lacs de toutes formes, de toutes dimensions qui s'y rencontrent à toutes les altitudes, des cascades qui y bondissent, des cours d'eau qui y animent et vivifient les vallées ; à retracer le développement des routes carrossables, postales, muletières, simples sentiers qui permettent, moyennant difficultés et fatigues plus ou moins grandes, le parcours de ces régions tourmentées ; puis, à l'occasion de ce parcours, à décrire les aspects infiniment variés de cette nature pittoresque, la coexistence des climats extrêmes sous des latitudes voisines avec les végétations et flores appropriées, et à découvrir le tableau des anciennes voies de communication de la haute antiquité, dans les Alpes et ailleurs, et sous la domination romaine, avec l'indication des moyens de transport alors connus ou usités et des transactions commerciales qu'ils facilitaient ou rendaient possibles.

Le progrès étant une loi de la nature humaine qui a été créée pour le mouvement et le perfectionnement, l'historique des voies de communication avant et depuis les voies romaines jusqu'aux routes modernes, amènerait logiquement à parler des chemins de fer qui, aujourd'hui, contournent, transpercent et surplombent, dans tous les sens et toutes les directions, les versants, les rocs et les vallées de ces innombrables montagnes, vaste intumescence dont l'Europe centrale est recouverte comme d'un manteau de calcaire et de granit. Toute l'histoire de ce mode semi-séculaire de communication et de transport est écrite sur les flancs de nos Alpes européennes; on peut la retracer à partir de la première locomotive, qui fut lancée sur le rampes très adoucies des premiers essais, jusqu'aux machines perfectionnées, aux pentes hardies, aux voies funiculaires et à crémaillère et à la rapidité croissante réalisées aujourd'hui. Le percement des monts Cenis, Saint-Gothard et de l'Arlberg, fournirait encore un historique des plus intéressants par l'exposé des difficultés qu'il a fallu surmonter, des progrès des procédés et de l'outillage employés, et enfin de l'importance des intérêts économiques et commerciaux engagés dans ces colossales entreprises.

N'y a-t-il pas, dans l'esquisse qui vient d'être tracée à propos du massif des Alpes, le plan d'une étude quasi-encyclopédique? Et ne pensez-vous pas que, pour la mener à bien, il faudrait, après avoir suivi soi-même tous les défilés, gravi tous les sommets, parcouru toutes les vallées de cette immense région, avoir à sa disposition à la fois les connaissances du géologue, du géographe, du botaniste, du préhistoricien et de l'archéologue, de l'historien et de l'érudit, de l'économiste, de l'ingénieur, du lettré? Ou plutôt n'y faudrait-il pas la collaboration de tous ces spécialistes?

Eh bien, ce vaste plan, ce sujet en quelque sorte encyclopédique, a été adopté, suivi, traité avec un rare bonheur par un seul auteur, M. Charles Lenthéric, ingénieur en chef des ponts et chaussées, dans un fort volume in-8°, enrichi de six grandes cartes, et qu'il a intitulé : *L'Homme devant les Alpes* (1).

L'indication, qui vient d'être donnée de tout ce qui pourrait s'écrire à propos du massif orographique des Alpes, n'est en réalité que l'analyse très sommaire de cet ouvrage. Nous n'aurons donc pas à y revenir. Il peut être intéressant, néanmoins, d'examiner plus à fond certaines de ses parties et de soumettre à une critique bienveillante mais sincère quelques-unes des idées qui y sont exprimées et qui prêteraient à contestation ou au moins à discussion.

I.

DANS LES ALPES CENTRALES ET OCCIDENTALES.

Nous disions tout à l'heure que l'exécution du plan indiqué nécessite les connaissances les plus variées, le savoir et les aptitudes de huit ou dix spécialistes différents, et que notre auteur a trouvé le secret de remplir à lui seul un programme aussi encyclopédique. Il faut ajouter, pour être complet, que, chez lui, le savant se double du poète et de l'artiste. Les descriptions des sites qu'il admire — et qu'il fait admirer — sont d'une fraîcheur achevée, d'un sentiment exquis, en même temps que d'une vérité parfaite.

Qu'il nous soit permis d'en donner plus bas quelques exemples ; en pareille matière il ne suffit pas d'exposer, il faut citer.

Vers le milieu de la chaîne principale des Alpes centrales, celle qui comprend les hauts sommets des Alpes Pennines, Lépontiennes, Rhétiques, et qui se continue à l'est par les collines Noriques et les Alpes de Radstadt, s'étend la région qui va du Simplon, du Saint-Gothard,

(1) 1896 ; Paris, Plon et Nourrit.

des sources du Rhône, du Rhin et du Tessin jusqu'au Brenner, ce mont central du Tyrol, moins remarquable par son altitude (1382 m.) que comme point de partage des eaux entre l'est et l'ouest, le nord et le sud du massif. Dans son voisinage prennent leur source : le Salzach qui, après avoir coulé de l'ouest à l'est, vire brusquement au nord en contournant le Hochkönig (2938 m. d'altitude), au sud de Salzbourg, pour aller rejoindre l'Inn à Braunau et se jeter avec lui dans le Danube à Passau ; la Drave, qui court vers l'est jusqu'au Danube à Belgrade ; l'Adige, affluent de l'Adriatique, au sud de Venise ; plus à l'ouest, entre les cols de Splügen, chez les Grisons, et de Stelvio à l'ouest du Tyrol, coulant sur les versants italiens, les nombreux affluents de la rive gauche du Pô.

C'est dans ces parages que l'auteur décrit les cultures et les végétations échelonnées sur les pentes depuis le lit des cours d'eau jusqu'aux faites : « En bas les jardins et les vergers, au-dessus la magnifique draperie des forêts, sur les plateaux élevés les alpages et les gazons, dans la région supérieure enfin, au milieu des neiges, les mousses et les lichens. »

Puis ce sont ces forêts dont « rien n'égale la majesté », cette végétation dont rien n'égale la puissance, que l'auteur se plaît à décrire :

« Dans les gorges les plus étroites, dans le lit même des torrents, sur des saillies de roches nues, sur d'énormes encorbellements de pierre surplombant le précipice, des pins merveilleux s'élèvent par milliers, aussi droits que des mâts de navire, *comme s'ils avaient trouvé un sol de première qualité.* »

On voit par ce dernier membre de phrase (nous l'avons souligné) que le poète, l'artiste, ne font pas perdre ses droits au praticien, à l'ingénieur, à l'agronome. Ce dernier continue :

« Partout, ailleurs, les végétaux ont besoin de terre,

d'humus, d'une réserve souterraine dans laquelle leurs racines vont chercher les sucs nourriciers indispensables à leur croissance. » Puis le poète reparaissant s'écrie : « Ici ils semblent vivre des débris de la roche qu'ils étreignent, de la poussière du torrent qui les enveloppe, de la neige qui pèse sur leurs branches, de la lumière pure qui les environne. »

Suit le tableau de la régénération naturelle de ces forêts, qu'un forestier de profession n'eût pas mieux tracé. Nous ne saurions résister au plaisir de reproduire cette page, tant à la vérité de l'exposé se joint le charme des images et la fraîcheur du coloris :

« Dans ces grandes masses forestières de la région alpine le renouvellement est rapide et continu. Qu'un arbre vienne à mourir ou qu'on l'abatte, s'il se trouve à proximité d'un chemin qui permette de l'emporter ou d'un torrent qui puisse lui servir de véhicule, à sa place, sur la plaie même du tronc arraché, poussent immédiatement des mousses épaisses, et au-dessus toute une petite flore de fleurs exquises, d'une délicatesse et d'une variété de tons que n'atteignent pas les fleurs civilisées de nos parterres. Sous cette prairie miniature que l'humidité du sol transforme en humus, de petits sapins viennent prendre la place des ancêtres disparus. C'est la forêt de demain ; elle est encore à l'état de pépinière, abritée sous les grandes voûtes des arbres voisins, mais elle grandit peu à peu, se serre, s'épaissit chaque jour ; elle protégera bientôt de nouvelles générations d'arbres, et dans quelques années le vide sera comblé. »

Dans quelques années est bien un peu métaphorique. S'il s'agit de sapins, *abietes*, ce n'est guère qu'entre 100 et 120 ans qu'ils commencent à être des arbres faits, et ils atteignent facilement 150 ans, 200 ans même, sans donner aucun signe de dépérissement. Les pins, notamment les pins sylvestres, ont moins de longévité ; souvent ils ne prospèrent plus passé 70 ou 80 ans et commencent à entrer alors dans la période de la vieillesse. Il n'en reste pas moins un peu hyperbolique de dire que « dans quelques années » sera comblé le vide causé par la chute et l'enlèvement des vieux arbres, car 80 et même 70 ans sont un peu plus que « quelques années ». Mais le droit à l'hyperbole n'est-il pas précisément l'un des privilèges de la poésie (1) ?

Continuons la page commencée :

« Au pied de tous ces arbres séculaires, à la lisière des grands bois, dans les fossés des routes qui les bordent, sur les sentiers qui les traversent, un merveilleux tapis végétal se développe sans fin, formé de toutes les variétés de gazons et de graminées, parsemé de myriades de fleurs bleues, violettes, roses, blanches, de la plus délicate finesse et d'une inexprimable douceur, arrosé par une infinité de ruisselets qui laissent des perles suspendues à tous les brins d'herbe. Cette force et cette grâce de la flore alpestre, cette merveilleuse puissance, cette exubérance vitale sont réellement indescriptibles. On ne saurait en écrire ; il faudrait pouvoir les chanter. »

Ne vous semble-t-il pas que notre écrivain réalise ce qu'il souhaite ? N'est-ce pas, sauf le rythme et la rime, détails de forme, un véritable chant qu'il fait entendre en l'honneur des sites forestiers des grandes Alpes ? Toutefois l'harmonie des tons ne fait point tort à la variété du tableau. Ce n'est point partout que la montagne revêt sa riche parure forestière :

« A mesure qu'on monte, cependant, la forêt s'appauvrit et s'éclaircit ; la grande draperie végétale est trouée par les rochers, les vides se font plus nombreux, et l'on atteint

(1) L'exactitude eût été plus grande si l'auteur eût dit : « dans quelques années le vide sera *repeuplé* ». En effet, il suffit de quelques années pour que le sol laissé vide par la chute d'un groupe de vieux arbres soit recouvert de jeunes tigelles produites par les semences tombées des arbres voisins ; on dit alors que le sol est repeuplé. Mais ce n'est qu'après un plus ou moins grand nombre d'années que sera comblée, par la croissance et le développement de ce semis naturel, la trouée faite dans le massif boisé par la chute ou l'enlèvement des plus vieux arbres.

la limite de la végétation forestière. Les pâturages se succèdent alors sur les pentes et les plateaux ondulés, ruisselant de l'eau des glaciers, entourés de fondrières remplies de neige. Plus de villages, très peu d'habitations permanentes ; des huttes pour les bergers, quelques remises seulement pour abriter les troupeaux pendant la tourmente. »

Arrêtons là ces citations. On pourrait en remplir un grand nombre de pages avant d'en revenir aux *routes de terre* qui conduisent le voyageur en présence de ces sites merveilleux. De ces routes nous est aussi donnée l'histoire, ainsi que l'évolution civilisatrice dont elles sont l'indice ; car, ainsi que le fait remarquer l'auteur, la moindre route permanente représente un état de civilisation très avancé, ne pouvant demeurer viable que grâce à un entretien et une surveillance ininterrompus.

Mais ce n'est pas sur ce point que nous voudrions attirer plus particulièrement l'attention.

Dans son noble et légitime enthousiasme pour les magnificences de la parure végétale des versants et des hauts sommets des Alpes centrales, l'auteur de *L'Homme devant les Alpes* n'a-t-il pas trop laissé dans l'ombre les tableaux de misère et de ruine que, par le fait de l'homme, présentent trop souvent les versants du sud-ouest, dans nos départements dits des Hautes et Basses-Alpes ? Là ce sont tantôt des montagnes entières, plantureuses jadis, réduites aujourd'hui à l'état d'arides amoncellements de pierres et de graviers stériles ; tantôt des ravinements profonds sillonnent, de leurs thalwegs pierreux aux berges décharnées et mouvantes, des versants naguère encore pleins et verdoyants. Vienne une forte pluie, vienne un de ces orages violents dont les montagnes sont coutumières, les eaux, se rassemblant dans ce gouffre béant, se précipiteront en trombe furieuse, affouillant le lit du torrent, ravinant ses berges, entraînant dans leur course folle terres, graviers, blocs, quartiers de roche arrachés aux flancs de la montagne, déversant ces matériaux informes en un vaste cône de déjection (1) qui ensevelira la vallée sous un linceul de débris !

Ce lamentable spectacle n'est que trop fréquent dans les Alpes Cottiennes et Dauphinoises. Le ravin une fois formé va toujours s'étendant, se ramifiant, se joignant parfois à d'autres torrents instables nés d'une manière semblable sur des versants voisins, portant partout la dévastation et la ruine, brisant, renversant, engloutissant sous une irrésistible poussée maisons, bestiaux, villages entiers parfois.

Quelle est la cause de tels désastres? Elle est tout entière, le plus souvent, dans l'imprévoyance, l'incurie, l'abus de jouissance, tranchons le mot, dans l'égoïsme de l'homme.

Tel versant aujourd'hui aride, échancré par d'affreuses déchirures que nuls filets d'eau n'égayent et ne rafraîchissent en temps ordinaire, mais qui aux jours d'orage se transforment en torrents indomptables, ce versant était autrefois continu, sans autre accident que d'harmonieuses ondulations qui vallonnaient ses flancs couverts d'épais ombrages. L'homme est venu. Il a lancé sous bois ses immenses troupeaux de moutons qui ont piétiné le sol, brouté toute végétation à leur portée, dévoré l'espérance; il a coupé, arraché, abattu sans compter les arbres à sa convenance. Ailleurs, à défaut de végétation ligneuse, d'abondants herbages protégeaient le terrain; l'exercice d'un pâturage modéré, proportionné à l'étendue et à la fertilité du sol, eût maintenu une protection suffisante à la terre productrice. Mais peu importe aux possesseurs

(1) On appelle *cône de déjection* la partie du lit d'un torrent qui se forme en exhaussement, lorsque, au sortir du *goulot* ou canal d'écoulement situé au bas du bassin de réception, les eaux projettent, au pied du versant qu'elles ont affouillé, les matériaux qu'elles entraînent avec elles, lesquels s'étalent alors en éventail sur le sol ; ils forment ainsi une sorte de cône très aplati, ayant son sommet à l'embouchure du goulot, et sur le dos duquel se maintient le cours des eaux du torrent.

de bestiaux : « Après moi le déluge », se dit chacun d'eux; et les moutons, lancés par milliers et milliers sur des herbages pouvant en nourrir quelques centaines, les ont dévorés jusqu'à la racine, fouillant même de leur museau aigu le pourtour de celle-ci pour la brouter elle-même. Dénudé, piétiné, désagrégé, le versant est resté sans défense lorsque l'orage a fondu sur lui ; et des sillons, des ravines peu profondes d'abord ont commencé à en labourer les flancs. Le lit des torrents est désormais tracé ; à chaque nouvel orage, à chaque pluie abondante, à chaque fonte de neige, il ira s'élargissant et s'approfondissant, entraînant au loin, pour y porter la destruction, les matériaux qu'il aura arrachés à la montagne.

Tel est l'aspect désolant qu'offrent certaines parties des Alpes Occidentales, douloureux état de choses auquel, depuis une trentaine d'années, l'administration publique s'efforce de remédier par des travaux de digues, de barrages, d'enherbement et de reboisement. Mais si le mal est prompt à se produire, il est long à réparer, difficile surtout, le principal obstacle venant de l'opposition des populations mêmes qui, dans leur intérêt bien entendu, devraient être les premières à favoriser l'action réparatrice.

Voilà un côté de la question de *L'Homme devant les Alpes*, côté non sans importance cependant, que n'a point envisagé le magistral ouvrage où nous avons puisé l'inspiration de cette étude. Il est vrai que le savant auteur et courageux explorateur nous prévient, dans sa préface, qu'il n'est pas encore arrivé à connaître entièrement les Alpes, bien qu'il en ait remonté les grandes vallées et les gorges les plus profondes, gravi ses pics les plus élevés, mis le pied sur plusieurs de ses glaciers, navigué sur ses lacs, côtoyé ses torrents, traversé ses cols dénudés, parcouru ses champs de neige, escaladé ses talus menacés par les avalanches. « Je me suis, ajoute-il, reposé dans ses prairies couvertes de fleurs et sous l'ombre impénétrable de ses forêts sacrées » (pourquoi *sacrées ?)* ; « et je ne puis dire encore si je les connais ».

Toutefois, il n'était pas inutile de signaler cette lacune qui pourra être comblée dans une édition ultérieure.

II.

LES HOMMES PRIMITIFS. — L'HOMME TERTIAIRE.

Les considérations qui nous restent à présenter sont de tout autre nature que celles qui précèdent. Celles-ci ont principalement consisté à faire ressortir l'importance d'une lacune, après avoir attiré l'attention sur les beautés littéraires de l'ouvrage analysé. Nous allons avoir maintenant des réserves à faire, des doutes à élever sur certaines théories de l'auteur, des objections même à lui opposer.

C'est dans la partie du livre consacrée aux temps préhistoriques que nous les trouvons. Chrétien résolu et toujours plein de respect pour les saintes Écritures, comme le prouve, entre autres, ce passage : « Pour nous, chrétiens respectueux de tout ce que l'Église enseigne, qui croyons à l'inspiration divine qui a dicté la Bible, à la vérité absolue de tout ce qu'elle contient, nous tenons à constater qu'elle n'est en contradiction avec aucune des découvertes scientifiques modernes », — le savant écrivain va peut-être un peu loin toutefois dans l'acceptation de systèmes arbitraires ou fortement et très plausiblement contestés.

Il émet d'ailleurs d'excellents principes quand il pose que la Genèse n'est ni un cours d'histoire générale, ni un cours de géologie, d'anthropologie ou d'ethnographie comparée ; que c'est uniquement le récit des principaux faits concernant le Peuple de Dieu, lequel n'a occupé qu'une portion très restreinte de la terre, récit précédé d'un exposé général très sommaire de la création du monde. Il est également dans le vrai en observant que l'objet du récit de Moïse n'est pas de faire connaître *comment,* mais bien *par qui* le monde a été créé, et que l'auteur de ce récit paraît surtout s'être proposé de mettre les Israélites en garde contre le polythéisme et l'idolâtrie, en leur affirmant que tout ce qu'ils pouvaient admirer dans la nature, notamment les corps célestes, n'étaient pas des dieux, mais les créatures d'un Dieu unique et tout-puissant que seul ils devaient adorer.

S'il est encore exact que l'on ne trouve dans la Genèse aucune date limitative des temps où a pu commencer l'humanité, aucune chronologie fixe et certaine, il est beaucoup moins exact d'affirmer, après François Lenormant, que cette chronologie « ne peut pas et ne doit pas y être ». Beaucoup de bons esprits, fort compétents en pareille matière (1), estiment au contraire qu'il existe ou tout au moins qu'il a existé une chronologie biblique : seulement, comme cette chronologie varie à l'infini suivant les recensions sans nombre qui ont été faites de la Bible, il n'est plus possible de discerner où est la chronologie véritable, ni même d'assurer qu'elle n'est pas entièrement perdue.

Pratiquement, cela semble bien revenir à peu près au même. Mais est-ce une raison pour prendre *chronologiquement* au sérieux la classification des temps préhistoriques en époques chelléenne, moustérienne, solutréenne et magdalénienne ? Incontestablement cette classification a un côté utile, avantageux, en facilitant l'ordre et le classement des nombreux et variés produits des industries de l'âge de la pierre taillée ou paléolithique. Mais

(1) Le R. P. Lagrange, du Collège d'études bibliques de Saint-Étienne à Jérusalem, et M. l'abbé Ch. Robert, entre autres. — Cf. la REVUE BIBLIQUE, années 1895 et 1896.

depuis que, en maintes circonstances, les fouilles des archéologues leur ont fait découvrir des gisements de ces produits dans un ordre différent ou inverse de celui qu'exigerait la théorie, il n'est plus permis de prendre au sérieux les centaines de milliers d'années attribuées à l'âge de l'humanité en vertu de cette fameuse classification.

Il faut du reste convenir que M. Lenthéric reconnaît qu'on ne peut attacher à de telles conjectures une valeur absolue. C'est toutefois trop encore, croyons-nous, que de leur accorder une aussi large place dans ses appréciations. Autant en dirons-nous de l'homme tertiaire, à propos des silex de Thenay de feu l'abbé Bourgeois de savante et sainte mémoire, mais qui s'est mépris sur ce point. Malgré l'autorité du regretté Quatrefages, l'homme tertiaire est aujourd'hui passablement démodé et discrédité. Mais le savant ingénieur en chef ne s'en tient pas là ; il émet l'éventualité d'un homme secondaire comme scientifiquement possible (1).

Cette disposition à accepter pour l'homme l'extrême antiquité que supposerait son origine tertiaire ou la chronologie de M. Mortillet, amène notre auteur à des interprétations des textes de la Genèse au moins bien singulières sinon bien risquées. Ainsi il admettrait volontiers l'existence d'une humanité non adamique, parallèlement à celle-ci qui serait représentée seulement par les

(1) Son raisonnement est celui-ci : L'organisme humain est constitué de manière à pouvoir vivre partout où peuvent vivre les mammifères; il a donc pu être contemporain des premiers mammifères dont les types primitifs ont paru dès les temps secondaires. L'existence de l'homme secondaire, conclut-il, n'aurait donc rien de contraire aux données de la science. « A plus forte raison en est-il de même pour l'homme tertiaire. » Le défaut de ce raisonnement est trop apparent pour qu'il soit nécessaire d'y insister : la majeure en est des plus contestables, et la mineure ne s'y rattache pas nécessairement ; car de ce que les conditions rendant la vie possible sont à peu près les mêmes pour l'homme et pour les mammifères supérieurs, il n'en résulte pas que là où pouvaient vivre des mammifères très inférieurs, comme les petits marsupiaux des âges secondaires, l'homme eût pu trouver des conditions lui ayant permis de vivre, de se développer et de se multiplier.

races blanches, les races jaune et noire provenant d'ancêtres étrangers à Adam et à Ève.

Voici sur quelle exégèse il cherche à étayer cette théorie, qui n'est au fond que la vieille thèse d'Isaac de la Peyrère, au XVIIe siècle, renouvelée de Giordano Bruno et rajeunie de nos jours par certains critiques américains et aussi par Agassiz, par Carl Vogt et par quelques autres. Établissant une distinction, difficile à justifier, entre les deux récits de la création de l'homme aux chapitres Ier et II de la Genèse, les auteurs de cette interprétation estimeraient que cette création *(Gen.*, I, 26, 27), aurait bien été la grande œuvre du sixième jour, mais que celle de la race adamique, distincte de la précédente *(Gen.*, II, 7, 18, 22), aurait eu lieu au septième jour. Entre ces deux créations d'hommes, se serait passé le long espace de temps qui sépare la fin des temps tertiaires de l'époque quaternaire. La terre aurait été habitée alors par des hommes primitifs, « précurseurs » de la race à laquelle nous appartenons. L'on fait encore intervenir le texte sacré pour établir que c'étaient des hommes qui ne travaillaient pas la terre, parce qu'il y est dit *(Gen.*, II, 5), qu'il n'y avait pas d'homme pour travailler la terre : « *homo non erat qui operaretur eam* (1) ». Ce seraient, ajoute notre auteur, « les plus anciens hommes de l'âge de la pierre éclatée, de la pierre polie, peut-être même, sur certains points du globe, des premiers temps de l'âge des métaux ».

L'emploi du texte « *homo non erat* », pour établir qu'il y avait alors des hommes, ne laisse pas que d'être original, mais paraît plus ingénieux que probant. Sans doute, ces trois mots ne constituent pas un texte complet; il faut y ajouter : « *qui operaretur eam* » ou : « *ad colendam terram* ». Mais enfin aucun lien logique n'existe entre l'affirmation qu'il n'y avait pas d'homme pour cultiver la terre et

(1) « *Et homo non erat ad colendam terram* », lit-on dans la traduction littérale interlinéaire d'Arias Montanus. Anvers. 1584.

l'existence de l'homme sur cette même terre. Le sens le plus naturel, le plus simple et admis jusqu'ici, est que s'il n'y avait pas d'homme pour cultiver la terre, c'est parce qu'il n'existait pas d'homme du tout, de même que les exégètes catholiques ont été d'accord jusqu'à présent pour considérer les deux récits de la création de l'homme comme provenant de deux documents se rapportant à un seul et même fait.

L'auteur avoue toutefois que ce système est bien « un peu hasardé », mais il n'en regarde pas moins comme plausibles les considérations sur lesquelles on essaie de l'appuyer, et qui sont les suivantes :

a) L'existence, « reconnue dès les premiers siècles de l'histoire », d'une race noire très nombreuse en Égypte.

b) Le verset 14 du chapitre IV de la Genèse où il est dit que Caïn, condamné par Dieu après le meurtre d'Abel, prévoit qu'il sera exposé à être tué par quiconque le rencontrera : « *omnis qui invenerit me, occidet me* »; d'où l'on conclut qu'il existait sur la terre d'autres hommes que les Adamites, puisque le troisième fils d'Adam n'était pas encore né à ce moment-là.

c) Les versets 16 et 17 du même chapitre : Caïn, s'étant éloigné dans la direction de l'Orient, y prit femme et engendra Hénoch; puis il bâtit une ville à laquelle il donna le nom de son fils : l'Orient de l'Éden était donc habité, puisque Caïn trouva à s'y marier et qu'il y bâtit une ville; la construction d'une ville suppose une population pour l'habiter.

d) La distinction entre les fils de Dieu et les filles des hommes établie aux versets 2 et 4 du chapitre VI : « *Videntes filii Dei filias hominum... ingressi sunt filii Dei ad filias hominum, illaeque genuerunt* », et l'existence d'une race de géants constatée dans ce dernier verset : « *Gigantes erant super terram in diebus illis* », race qui d'ailleurs n'existe plus aujourd'hui, mais ce qui permettrait de supposer, ajoute M. Lenthéric, « que des races antérieures primitives, non prédestinées comme la race d'Adam, auraient existé avant le peuple de Dieu ».

e) La non-universalité du déluge mosaïque, réduit par notre auteur à un cataclysme tout à fait local et qui n'aurait exterminé que la race blanche ou peut-être seulement une partie de cette race ayant seule mérité, à l'exception de Noé et de sa famille, le châtiment de Dieu.

f) L'antiquité considérable des documents préhistoriques en nombre toujours croissant et consistant en silex taillés, en empreintes, en dessins d'une certaine valeur artistique, gravés à la pointe sur des ossements d'animaux d'espèces éteintes ; de débris humains trouvés en mélange avec des restes d'*Elephas meridionalis* dans des alluvions antérieures aux terrains quaternaires des vallées de la Somme et de la Seine. L'auteur cite encore à l'appui, d'une part, le fameux os de *Balaenotus* de M. Capellini, trouvé à Monte Aperto en Toscane, et portant des incisions parallèles attribuées à l'action d'un instrument tranchant habilement manié,— d'autre part un crâne humain trouvé dans les alluvions de la vallée du Mississipi, sous quatre couches superposées de forêts fossiles de cyprès, surmontées elles-mêmes d'une forêt vivante d'arbres de la même essence « âgés de plus de cinq mille ans » (!), ce qui permet d'évaluer à quatorze mille ans, au minimum, l'âge de la couche de terrain supportant cette forêt, et à cinquante-cinq mille ans l'époque où la couche inférieure, celle où gisait le crâne humain, aurait disparu sous les alluvions du fleuve.

Nous aurons à reprendre une à une ces considérations pour les discuter et en examiner la valeur. Signalons auparavant une objection d'ordre général et théologique qui n'a pas échappé à notre savant. Il reconnaît que l'idée de la pluralité originelle de l'espèce humaine « semble ne pouvoir s'accommoder avec le dogme chrétien » de la faute initiale, dont les fatales conséquences se sont étendues à tout le genre humain, et de la Rédemption de ce même genre humain par le sang et la mort du Fils même de Dieu fait homme dans la descendance d'Adam. Ces dogmes, de son propre aveu, semblent bien s'opposer d'une manière absolue à l'existence de races humaines non-adamites qui d'ailleurs n'auraient aucune solidarité avec la prévarication de l'Éden. Mais, à une objection aussi grave, il apporte une réponse dont nous rechercherons la valeur plus loin et qui est celle-ci :

On peut, sans porter atteinte au dogme de la Rédemption, « croire que le sang d'un Dieu n'avait pas une vertu limitée à une race de pécheurs, et que la moindre goutte de ce sang divin avait la puissance de racheter du même coup toutes les races d'hommes vivant sur la terre », indépendamment de leur origine adamique ou non. Ces hommes primitifs, étrangers au couple de l'Éden, ont pu et dû commettre des fautes tout comme Adam et ses premiers descendants. « Les déluges *successifs* qui ont bouleversé les différentes parties du monde » sont considérés par les traditions des peuples de tous les continents comme l'expiation de ces fautes. « Les faits *ont dû* se passer partout de même ; et toutes les peuplades primitives, en Amérique aussi bien qu'en Europe et en Orient, ont vu en effet, dans leur déluge spécial, un châtiment infligé par les puissances supérieures. »

III.

LES PRÉADAMITES.

Il convient maintenant d'examiner ce que valent les différentes considérations qui précèdent, et de quel poids elles peuvent peser dans l'exégèse jusqu'ici admise.

a) L'existence d'une race noire très ancienne en Égypte se rattache à la question de la limitation du déluge de Noé. Nous les réunirons dans une même discussion.

b) L'objection à l'unité de l'humanité en Adam, tirée du verset 14 au chapitre IV de la Genèse, ne paraît pas, au premier abord, manquer de valeur, mais elle n'est pas non plus sans réplique. Caïn ne pouvait guère ne pas prévoir une très prochaine et rapide extension de la postérité de son père et de sa mère, et cette prévision suffit à justifier sa crainte d'être tué par quiconque le rencontrerait. La vie des premiers hommes était longue, elle se comptait par plusieurs centaines d'années ; et il est de toute vraisemblance que la vigueur physique, la force des tempéraments, la longévité de la virilité correspondaient à cette longévité de l'âge. Il n'était donc pas nécessaire à Caïn, bourrelé de remords, de songer à des hommes déjà existants pour manifester la crainte d'être tué par eux : il songeait aux hommes à naître.

c) Le mariage du même Caïn ne fournit pas davantage une preuve de l'existence d'une race humaine antérieure à Adam. Il est vrai que la Genèse ne parle des filles engendrées par Adam qu'après la naissance de Seth ; d'ailleurs elle ne les désigne que d'une manière générale : « *genuitque filios et filias* ». Mais ce silence du texte sacré n'est pas une négation et n'implique point qu'entre la naissance de Caïn et celle de Seth il ne soit né à Adam des filles, parmi lesquelles Caïn aurait choisi sa femme. Il se pourrait même qu'elle eût été déjà choisie et épousée par lui lorsqu'il devint meurtrier de son frère. Remarquons en effet que, si la conception d'Hénoch n'est mentionnée qu'après l'exode de Caïn vers l'Orient, il n'est nullement indiqué qu'il prit femme seulement alors : « *Cognovit autem Caïn uxorem suam* », dit le texte *(Gen.* IV, 17), « *quae concepit et peperit Henoch* ». Caïn vit ou connut alors son épouse, ce qui, étant données les formes de langage usitées dans la Bible, implique qu'elle était déjà son épouse auparavant.

La construction d'une ville suppose, c'est certain, des habitants pour l'occuper. Mais rien, dans le texte biblique, ne spécifie l'époque à laquelle fut construite cette première agglomération d'habitations, si ce n'est que ce fut après la naissance du premier fils de Caïn (du moins de celui qui est nommé dans la Genèse). Or, on l'a rappelé tout à l'heure, la vie des premiers hommes se mesurait par siècles : celle d'Adam, celle de Seth en comptèrent chacune neuf; Caïn pouvait donc bien, après la naissance d'Hénoch, avoir engendré des fils et des filles, « *filios et filias* », en assez grand nombre pour occuper plusieurs habitations ; c'est pourquoi il construisit sa *ville,* — probablement un groupe plus ou moins restreint d'habitations primitives, — soit d'avance en prévision de l'accroissement probable de sa race, soit quand cet accroissement eut commencé à prendre un développement suffisant.

d) L'argument tiré des mariages, mal vus de Dieu, entre les fils de Dieu et les filles des hommes, au chapitre VI de la Genèse, peut, au premier abord, paraître spécieux : les « fils de Dieu », ce seraient des descendants d'Adam, la créature privilégiée à laquelle ont été faites les divines promesses ; et les « filles des hommes », ce seraient les filles de la race humaine non adamique. En outre il y avait, en ce temps-là, une race de géants qui s'est éteinte depuis, mais après que de nouveaux géants furent nés de l'union des « fils de Dieu » avec les « filles des hommes » (1).

Cette seconde partie de l'argument n'a pas grande valeur ; car la race de géants dont il est question pouvait tout aussi bien s'être formée parmi les descendants d'Adam

(1) La traduction littérale de l'hébreu, d'après Arias Montanus, donne en ces termes le texte du verset 4 où il est parlé des géants :

« Gigantes fuerunt in terra in diebus istis, *et etiam* postea quam ingressi sunt filii Dei ad filias hominum et genuerunt eis. Isti potentes qui a seculo viri nominis. »

Les géants furent sur la terre en ces jours-là, *et aussi* après que les fils d'Éloïm se furent unis aux filles de l'homme, et leur eurent donné des enfants. Ce sont ces héros qui, autrefois, furent des hommes de renom. (Trad. directe sur l'hébreu par M. l'abbé Ch. Robert, dans *Les Fils de Dieu et les Filles de l'homme,* Paris, Victor Lecoffre.)

et d'Ève que dans le sein de l'humanité non adamique de l'hypothèse. Quant à la délicate question des mariages réprouvés de Dieu à l'époque qui a précédé le déluge, elle n'avait jamais été, jusque-là, posée en ces termes. Durant l'antiquité judaïque et chrétienne et jusqu'au IVe siècle de notre ère, on l'avait, faussement mais unanimement, interprétée dans le sens de l'union d'esprits célestes avec des descendantes d'Adam, autrement dit avec des femmes, comme l'a lumineusement établi M. l'abbé Charles Robert dans le mémoire cité ci-dessus, en note, et publié précédemment dans la REVUE BIBLIQUE (juillet et octobre 1895). Depuis, elle a été expliquée, moins conformément au sens obvie et à la lettre du texte, mais plus conformément à son esprit et à la vérité, dans le sens de descendants de Seth pour *filii Eloïm,* et de descendantes de Caïn pour *filias hominum ;* cette interprétation est plausible, rationnelle, suffisante, et l'on ne voit pas la nécessité de faire intervenir l'hypothèse de l'existence de femmes de race non adamique, pour expliquer le texte des quatre premiers versets du chapitre VI de la Genèse. Il s'explique de lui-même sans cela.

e) La thèse de la non-universalité ethnique du déluge de Noé a gagné, depuis une dizaine d'années, des partisans en assez grand nombre parmi les exégètes catholiques ; elle ne laisse pas toutefois de soulever encore quelques oppositions assez vives. Mais si on l'adopte, elle paraît plutôt fournir des arguments contre l'hypothèse de la coexistence, avec la race d'Adam, d'une humanité non-adamique.

Sans aller aussi loin que M. Lenthéric qui ne voit, dans le déluge mosaïque, qu'un *déluge tout à fait local,* — sans doute d'après la théorie exposée par M. Raymond de Girard dans la REVUE THOMISTE (1) et que nous-même

(1) Années 1893 et 1894. — Voir aussi, sur ce sujet, les ouvrages suivants du même auteur : *Le Déluge devant la critique historique*, 1893, Fri-

avons combattue dans la Revue biblique (1), — on peut admettre que l'universalité, telle que l'entend la Genèse, s'étend au groupe principal de l'humanité, au monde civilisé, au monde connu d'alors, laissant volontairement dans le silence de l'oubli les races étrangères à la descendance de Seth, notamment la race de Caïn dont l'auteur de la Genèse cesse de s'occuper à partir des derniers versets du chapitre IV.

Avec cette donnée, et étant admis avec l'auteur que « l'on ne trouve dans la Genèse aucune date limitative des temps où a pu commencer l'humanité », tout s'explique sans difficulté avec l'unité adamique du genre humain : les races blanches proviennent de la descendance de Noé ; la race noire très anciennement connue en Égypte... et ailleurs, les races jaune, rouge, cuivrée, etc. peuvent être issues soit des descendants de Caïn, soit d'enfants d'Adam autres que Seth ; et de ce côté toutes difficultés s'évanouissent.

f) Quand on a posé en principe qu'« il n'y a pas de chronologie biblique aux premières époques du monde », qu'il « ne peut et ne doit pas » y en avoir, il est malaisé d'admettre que l'on puisse arguer d'une manière bien probante de l'extrême antiquité attribuée, à tort ou à raison, aux documents préhistoriques de plus en plus nombreux découverts chaque jour, pour conclure à l'existence d'une humanité antérieure à Adam. Car enfin si la Bible ne peut nous fournir aucune donnée même lointaine sur l'époque de la création d'Adam et d'Ève ; si — ce qui d'ailleurs n'a rien d'impossible — les deux listes des patriarches antérieurs et postérieurs au déluge sont incomplètes et ne mentionnent que les plus célèbres d'entre eux,

bourg, librairie de l'Université ; — *Le Caractère naturel du déluge*, 1894, même librairie ; — *La Théorie sismique du déluge*, 1895, imprimerie Fragnière.

(1) Livraison de janvier 1896.

il n'y a pas de raison pour ne pas reporter cette époque jusqu'aux temps tertiaires, si l'on y tient.

Hâtons-nous d'ajouter que nous n'adoptons nullement une telle hypothèse, voulant seulement par là indiquer où nous paraît se rencontrer un des défauts de l'argumentation de notre très sympathique, très lettré et très savant contradicteur. Mais l'os strié du *Balaenotus* de M. Capellini paraît bien n'avoir été rayé que par la morsure d'un animal contemporain ; et quant au crâne humain trouvé dans les alluvions du Mississipi près de la Nouvelle-Orléans, auquel est attribuée une antiquité de près de cinquante-cinq mille ans, nous nous permettrons, toute révérence gardée, de ne pas considérer la chose comme bien sérieuse. Sans parler d'un enfouissement accidentel possible du crâne en question, sur quoi est fondée la supputation de l'âge des différentes couches au fond desquelles il reposait ? Sur l'âge des arbres vivants peuplant la couche supérieure. Ce sont des « cyprès » qui compteraient plus de cinq mille ans d'âge ! — Voilà une longévité qu'un forestier de profession admettra difficilement. Sur quelle base s'est-on appuyé pour déterminer cet âge ? Il eût fallu le dire. Ce n'est pas toujours chose facile qu'une telle détermination, et le comptage des zones concentriques sur la souche est loin de donner toujours un résultat certain. D'ailleurs ce comptage a-t-il été fait après préalable abatage par le pied de quelques-uns des arbres paraissant les plus vieux ? On ne le dit pas ; or, quand il s'agit d'avancer des faits aussi extraordinaires, on ne saurait les entourer de trop de preuves à l'appui.

Sur quoi, d'ailleurs, s'est-on fondé pour conclure de l'âge supposé de cinq mille ans (?) des cyprès vivants, à l'âge de quatorze mille ans de la couche de terre végétale sur laquelle ils sont assis ? Cela encore aurait eu besoin d'être indiqué pour permettre d'en tirer une conclusion sérieuse.

En résumé, aucune des considérations invoquées en

faveur de l'hypothèse d'une race humaine, étrangère à la race adamique, ne paraît bien solide, les difficultés auxquelles on prétendrait pourvoir ainsi se résolvant tout aussi bien dans la théorie traditionnelle de l'unité d'origine du genre humain.

Il reste à examiner les objections théologiques et exégétiques que M. Lenthéric a entrevues, les réponses qu'il a tenté de leur opposer, et la valeur de celles-ci.

IV.

LES PRÉADAMITES ET LE DOGME CHRÉTIEN. — LES RELIGIEUX DU SAINT-BERNARD.

Le savant et érudit auteur est assurément dans le vrai quand il pense que les mérites de Jésus-Christ étant infinis, puisqu'ils participent de sa nature divine, *peuvent* s'étendre à d'autres êtres libres qu'aux descendants d'Adam. Mais tout possible n'est pas réel par cela seul qu'il est possible. De ce que *si* d'autres hommes que la race d'Adam et d'Ève existaient ou avaient existé sur la terre, ils pourraient ou auraient pu participer à la grâce, aux effets de la Rédemption, il n'en résulte, par aucune nécessité logique, qu'ils aient réellement existé. Ces hommes eussent été créés, non pas comme Adam et Ève dans un état préternaturel, mais dans les conditions ordinaires de la nature, et ils auraient commis des fautes, châtiées ensuite par « les déluges successifs ».

Tout cela n'est que pures hypothèses qui, même au point de vue simplement scientifique, soulèvent de graves objections.

On ne saisit pas trop la portée exacte de ce passage de l'auteur : « Les déluges successifs qui ont bouleversé les différentes parties du monde vers la fin de l'époque quaternaire sont considérés par toutes les traditions de l'ancien et du nouveau monde comme l'expiation de ces fautes. »

La théorie des déluges successifs proposée, il y a une trentaine d'années, par l'abbé Lambert (1), n'a pas eu grand succès en son temps ; elle est, croyons-nous, bien abandonnée aujourd'hui. Quant aux traditions diluviennes des différents peuples, les unes ont leur point de départ dans des catastrophes locales sans rapport avec le déluge de Noé, et dans celles-là il n'est pas toujours question de fautes à expier, ce qui ne prouverait pas grand'chose d'ailleurs, ni de sauvetage par un bateau ; les autres proviennent, soit directement, soit par importation, du souvenir plus ou moins poétisé et défiguré du déluge biblique (2). Il n'y a donc pas argument à tirer de là en faveur d'une pluralité d'origine du genre humain.

Il reste toujours, en tout cas, contre une telle hypothèse, une grosse objection théologique, difficile à renverser.

La création du premier couple humain dans un état supérieur à la nature, état dans lequel il n'a pas su se maintenir, ayant mésusé de sa liberté pour commettre la désobéissance connue, dans le langage religieux, sous le nom de « péché originel », — c'est là un des dogmes fondamentaux du christianisme. Le fait même présuppose une communauté d'origine ; et sur celle-ci sont fondées la fraternité et la solidarité humaines que l'Évangile a intronisées dans le monde. Si l'on suppose une humanité étrangère à la descendance d'Adam et co-existante avec elle, cette solidarité et cette fraternité n'auraient de raison d'être qu'envers celle-ci et n'auraient rien à voir avec celle-là : or, elle s'étend à tous les hommes sans exception.

(1) *Le Déluge mosaïque, l'Histoire et la Géologie*, 2e édit., 1870 ; Paris, Victor Palmé.

(2) Consulter à ce sujet l'important ouvrage de M. Raymond de Girard : *Le Déluge devant la critique historique*. Fribourg, 1893.

Plusieurs textes de l'Écriture sainte viennent d'ailleurs à l'appui de cette unité d'origine.

Saint Paul, dans son célèbre discours à l'Aréopage athénien, *Actes*, chap. XVII, 26, s'exprime ainsi : « *Fecit,* EX UNO, OMNE *genus humanum inhabitare super* UNIVERSAM *terram* ».

On lit aussi, dans la première Épître aux Corinthiens, XV, 45 : « *Factus est* PRIMUS HOMO *Adam in animum viventem* ».

Le même Apôtre, dans son Épître aux Romains, V, 17, 18, 19, revient à plusieurs reprises sur cette unité : « *Si* UNIUS *delicto mors regnavit* PER UNUM,... *Igitur sicut per* UNIUS *delictum in* OMNES HOMINES *in condemnationem... Sicut enim per inobedientiam* UNIUS *hominis, peccatores constituti sunt multi...* »

Considéré isolément, le mot *multi* ne serait pas, sans doute, suffisamment probant; mais rapproché du contexte qui l'accompagne, il est évident qu'il est pris par l'auteur de l'Épître dans le sens de *omnes* ou *universi* (1).

Du reste la thèse de La Peyrère a été combattue par de nombreux écrivains que l'on peut consulter (2), et l'on

(1) On donne aussi, à l'appui de l'unité d'origine, cette parole de saint Paul, dans sa première Épître à Timothée, II, 13 : « *Adam enim* PRIMUS *formatus est, deinde Heva.* » Mais ce texte paraît moins applicable ici; il se rapporte seulement à la primauté d'Adam par rapport à Ève, et n'implique pas nécessairement qu'Adam soit le premier homme créé. Tandis que le « *Fecit ex uno omne genus* », le « *Factus est primus homo Adam* », par exemple, s'expliqueraient difficilement si l'on admettait d'autres hommes que les enfants d'Adam, créés avant le premier patriarche.

(2) Nommons, pour n'en citer que quelques-uns :

Henri Reusch : *La Bible et la Nature*, traduction Xavier Hertel, 1867, Paris, Gaume et Dupré, pp. 475 à 520; — Mgr Meignan : *Le Monde et l'Homme primitif selon la Bible*, 1869, Paris, Victor Palmé, chap VIII, pp 197 et suiv. — B. Pozzy, membre de la Société d'anthropologie de Paris : *La Terre et le Récit biblique de la création*, 1874, Paris, Hachette, p. 455 : *Appendice;* — L'abbé Vigouroux : *Manuel biblique*, 6e édition, tome Ier, §§ 299 et suivants, 1888, Paris, Roger et Chernoviz ; — *Les Livres saints et la Critique rationaliste*, 5e édition, tome IV, pp. 1 et suiv., 1891, Paris, Roger et Chernoviz.

ne voit pas que les progrès des connaissances réalisés depuis lors rendent vraiment utile ou opportun le rajeunissement de cette exégèse bizarre. Je parle, bien entendu, des connaissances véritablement acquises, appuyées sur des faits dûment établis ou tout au moins sur des théories plausibles, édifiées sur des observations sérieuses et indépendantes de tout parti pris.

Ces critiques, qui ne portent d'ailleurs que sur un petit nombre de pages du brillant ouvrage où nous les avons marquées, l'auteur, nous en sommes persuadé, ne les interprétera pas à mal. Dans un sujet aussi vaste que celui qu'il a embrassé, il est impossible, quel que soit le mérite de l'œuvre, qu'il ne s'y glisse pas quelques points faibles ou quelques inexactitudes. On peut y relever aussi certaines contradictions ou erreurs de minime importance, et qu'il sera aisé de faire disparaître dans une nouvelle édition.

Par exemple, on lit page 58 : « La côte du Labrador et l'île de Terre-Neuve éprouvent un mouvement d'affaissement. » Et deux pages plus loin : « En Amérique, soulèvement général des côtes du Chili, du Pérou,... de la côte du Labrador, de l'île de Terre-Neuve. »

Il n'est pas exact de dire, à propos de l'espèce de croix gammée d'origine hindoue appelée *swastika* et des ornements en forme de croix exhumés par l'archéologie des monuments de la haute antiquité, que « par une sorte de pressentiment, le signe de la croix a été connu et pratiqué comme symbole religieux à peu près partout sur la terre, de toute antiquité ». Cette thèse a été soutenue, il est vrai, avec un certain éclat il y a quelque dizaine d'années, par un prêtre du clergé de Paris ; mais elle a été vigoureusement combattue et d'ailleurs victorieusement réfutée. Finalement, le mémoire qui la présentait ou la soutenait a été, si je ne me trompe, condamné par la Congrégation de l'Index.

Rien de plus improbable, nonobstant l'autorité de M. de Quatrefages qui rapporte le fait sans l'appuyer d'aucune preuve, que le Père Gratry se soit trouvé d'accord avec l'évêque protestant d'Oxford « pour déclarer que supposer l'espèce humaine âgée de plus de six mille ans, c'est cesser d'être chrétien ». Le Père Gratry était une intelligence beaucoup trop éclairée pour qu'on puisse, avec la moindre vraisemblance, lui prêter une pareille énormité.

C'est émettre une opinion bien risquée dans sa généralité, en tout cas des plus contestables, que de poser cette assertion : « L'homme a débuté partout par l'état sauvage. » Il ne faut pas confondre, comme on le fait trop souvent, l'état sauvage, qui représente le plus bas stade de la décadence, avec l'état de civilisation rudimentaire des sociétés naissantes. Le premier est l'effet d'une déchéance absolue qui se complaît en elle-même ou du moins n'éprouve aucune aspiration vers un état plus relevé ; le second se développe sur les degrés inférieurs de l'échelle du progrès en tendant à s'y élever de plus en plus. Il serait assurément moins contraire à la vérité de dire que l'homme a débuté partout par ce premier degré ; encore n'est-il pas interdit de penser que le groupe primitif principal de l'humanité, qui s'est développé en Orient, avait reçu par tradition les éléments d'une civilisation déjà plus élevée.

Ces petites taches ne sont, après tout, que vétilles ; elles disparaissent en quelque sorte dans l'ensemble d'une œuvre considérable, conçue d'ailleurs dans un excellent esprit et où une vaste science et une érudition des plus variées, servie par une immense lecture, s'expriment en un langage éminemment littéraire auquel ne font défaut ni le sentiment de l'art, ni la poésie des choses de la nature.

Citons encore, en terminant cette étude, un dernier trait. Nous sommes au grand Saint-Bernard, en face de l'hospice bâti en l'an 963 par saint Bernard de Menthon. C'est, dit notre auteur, « l'un des plus merveilleux établissements que la charité chrétienne ait jamais fondés sur la terre. Une vingtaine de religieux de l'ordre des Augustins l'habitent toute l'année, reçoivent, réchauffent et nourrissent les voyageurs avec une sollicitude et un dévouement dont aucune parole ne peut rendre l'exquise bonté... Aucune région des Alpes n'a un climat plus rigoureux. La température moyenne y est à peine de zéro : c'est celle du Spitzberg. Aucune végétation ne peut y résister ; aucun animal ne peut y être domestiqué... C'est du fond des vallées voisines qu'on est obligé de faire venir les moindres denrées. Le bois à brûler lui-même doit être transporté à dos de mulet par de durs sentiers de plus de vingt kilomètres, praticables seulement pendant quelques mois. Plus de vingt mille personnes cependant trouvent annuellement un abri dans cette maison hospitalière, et on en a compté quelquefois cinq cents dans une seule journée. Tout y est gratuit ; on ne fait pas même un appel discret à la générosité des voyageurs ; c'est à peine si l'on trouve dans quelque recoin caché un tronc où l'on peut déposer une offrande... »

Mais la vie permanente dans ce climat polaire, le dévouement aux passagers, la recherche des égarés dans les neiges usent vite les jeunes religieux qui se sont voués à cette vie héroïque ; ils n'y résistent pas plus de dix ans, heureux encore quand ils ne périssent pas dans quelque fondrière ou dans quelque avalanche. Néanmoins les religieux du Saint-Bernard trouvent moyen, entre temps, de s'occuper d'archéologie ; ils ont réuni dans un musée, « certainement le plus haut de l'Europe, peut-être de la terre » (2472 mètres), une foule de silex taillés, de poteries, de statuettes, bagues, colliers, armes, médailles en bronze, ex-voto, de l'époque gallo-romaine. Ainsi « les religieux du couvent ne sont pas seulement de grands charitables, ils sont, à leurs heures, de patients érudits, et pendant les courtes années qu'ils vivent *dans ce désert placé entre le monde d'en bas qu'ils ne voient plus et le ciel d'en haut qu'ils verront un jour*, ils ont intelligemment conservé et classé tous ces débris du monde antique ».

N'est-il pas vrai que l'auteur qui a pu écrire ces lignes n'est pas seulement un savant, mais encore un lettré en même temps qu'un homme de foi et de haute raison ?

Extrait de la *Revue des questions scientifiques*, octobre 1896.

L'ASTRONOMIE PITTORESQUE. *Descriptions et récits, monuments et médailles se rapportant à l'étude du Ciel*, par l'abbé J. LORIDAN, chanoine honoraire de Cambrai. — 1 vol. in-4° de 398 pages, 57 gravures. — Lille, Desclée, De Brouwer & Cie, 1896.

> Tous ces vastes pays d'azur et de lumière,
> Tirés du sein du vide et formés sans matière,
> Arrondis sans compas et tournant sans pivot,
> Ont à peine coûté la dépense d'un mot.
>
> P. LEMOYNE.

" Pittoresque „ n'est pas assez dire pour donner une idée complète de ce vaste tableau vulgarisateur des multiples connaissances qui concernent l'Astronomie. Il faudrait y ajouter les épithètes *historique, anecdotique, archéologique, littéraire,* voire *poétique;* je n'ajoute pas *scientifique*, l'idée qu'exprime ce mot étant implicitement comprise dans le substantif *astronomie;* il est bon toutefois d'ajouter qu'aucun détail important de science pure n'y est négligé.

Il y a de tout ce qu'indiquent ces divers qualificatifs dans l'ouvrage de M. l'abbé Loridan. Et tout cela si judicieusement agencé, si habilement fondu qu'il en résulte un ensemble d'une harmonie parfaite, en dépit de l'extrême variété des matériaux mis en œuvre. Le plus curieux, c'est que, en dehors d'une Préface de quatre pages, très peu de chose des 390 pages qui suivent est dû à la plume même du metteur en œuvre. La plus grande partie de son texte est formée d'extraits empruntés à une multitude d'auteurs. Arago, Lalande, Biot, Secchi, de Humboldt, Delambre, Saussure, Bouguer, La Condamine, Fontenelle s'y rencontrent avec MM. Janssen, Faye, Radau, Lœwy, Bertrand, qui y coudoient Virgile, Delille, Bossuet, André Chénier, Chateaubriand, Lamartine, Victor Hugo, Alfred de Musset, Lafontaine, Boileau, Molière lui-même; ces grands noms littéraires ne sont certes pas déparés par la prose et les vers de MM. Alphonse Daudet, Sully Prudhomme, Lavisse, le comte de Beauvoir, Lemoyne, ou bien de Théophile Gauthier, de Chênedollé, de Xavier Marmier. Et comme notre érudit compilateur fait appel à tous les ordres de connaissances se rattachant d'une manière ou d'une autre à quelque point de vue astronomique, on ne s'étonne pas de voir figurer, sur la liste, des noms comme ceux de Cuvier, de Feller, de Darwin, de M. Maspero, et même de ce toqué de Cyrano de Bergerac dont les excentriques imaginations renferment parfois des réflexions fort sensées.

M. Flammarion qui, lorsqu'il daigne rester sur son terrain et ne pas chasser sur les terres d'autrui, se montre un savant de valeur, se trouve avoir prêté son concours à ce travail éclectique; de même un grand nombre de recueils périodiques, à commencer par *L'Astronomie* mensuelle de M. Flammarion, pour aller jusqu'à l'*Almanach provençal*, ont été mis à contribution. *Les Comptes rendus* de l'Académie des sciences y tiennent, bien entendu, une place importante.

Dans les énumérations qui précèdent, beaucoup de noms ont été passés et non des moins illustres. Ceux des Ptolémée, des Copernic, des Tycho-Brahé, des Kepler, des Galilée, des Newton, des Herschel et de bien d'autres encore, figurent surtout dans les parties plus spécialement historiques. Les systèmes, les idées, les découvertes de ces hommes célèbres sont résumés ou exposés principalement par des extraits de différents écrits les concernant, plutôt que leurs textes mêmes reproduits.

Après avoir indiqué le mode de composition de l'ouvrage, il convient d'en indiquer le plan, l'ordre et les matières.

Une courte Introduction, qui suit la Préface, est à peu près exclusivement formée par la reproduction d'un discours prononcé par Arago à la Chambre des députés, le 23 mars 1837.

Le Livre premier est intitulé : *Principes*. Chateaubriand, dans son brillant langage, y raconte les origines de l'Astronomie, et M. Maspero nous montre les anciens Chaldéens passant les nuits sereines de leur pays à observer les astres, tandis que Darwin et M. Radau nous renseignent sur la transparence de l'air aux hautes altitudes et sous les tropiques. Humboldt, Arago, MM. André et Rayet donnent la description des différents instruments d'observation, depuis la lunette de carton de Galilée jusqu'au télescope de lord Ross. C'est à Fontenelle qu'incombe le soin de nous exposer les idées des anciens astronomes jusqu'à Copernic y compris et les *Principes* de Newton, le récit des progrès réalisés depuis lors dans les connaissances astronomiques étant confié à la plume aussi littéraire que savante de M. J. Bertrand.

Les Étoiles occupent le Livre deuxième. On y trouve tout ce qui peut être mis à la portée du grand public sur la sphère céleste et ses différents aspects suivant les lieux d'observation ou les époques de l'année ; sur les constellations, les étoiles simples ou multiples, changeantes, temporaires ; sur leur nature ; sur les nébuleuses ; sur l'âge, les distances, la fixité pratique et les mouvements réels de ces astres appelés *fixes ;* sur l'aspect du ciel étoilé de la Provence décrit par Daudet, et de celui de l'équateur d'après Xavier Marmier, enfin sur le rayonnement des étoiles et l'aberration de leur lumière. Biot, sir Robert Ball, Humboldt, Ampère, le P. Secchi, MM. A. Lévy et Janssen, sont les auteurs des articles consacrés à ces différents sujets.

C'est *Le Soleil* qui remplit le Livre troisième. Un historique de l'étude progressive de cet astre, à partir du commencement du XVIIIe siècle, lors de la première découverte des taches par le P. Scheiner d'un côté et le hollandais Fabricius d'autre part, jusqu'au temps présent, d'après Chambers et MM. Guillemin, Janssen, Trépied, ouvre ce chapitre. M. Janssen a une large part encore dans le surplus en décrivant les protubérances observées à la faveur et en dehors des éclipses, grâce au spectroscope, et l'atmosphère coronale. Ce que la lumière zodiacale offre de plus ravissant comme aspect et de plus intéressant comme étude est puisé dans les écrits d'Alexandre de Humboldt et de l'astronome Liais.

A l'occasion du solstice d'été, l'auteur nous donne, d'après M. Alexandre Bertrand, l'origine et l'histoire des feux de la Saint-Jean.

On voit par ce dernier détail que rien n'est omis de ce qui, de près ou de loin, peut se rattacher à l'Astronomie. Dans le Livre ou chapitre suivant, l'auteur s'occupe du *Globe terrestre,* partant du mètre pour décrire la forme de la Terre et entrant successivement dans tous les faits scientifiques, historiques et descriptifs, concernant la position et les mouvements divers de notre planète dans l'espace, le tracé de la méridienne, la détermination des longitudes et des latitudes, la répartition des zones terrestres, les nuits et jours polaires, les nuits sous les tropiques, dans les déserts, dans les forêts vierges, les saisons dans les climats extrêmes.

Pas n'est besoin d'analyser, livre par livre, le surplus de cet ouvrage. On voit par ce qui précède quel en est le plan et comment ce plan est suivi. Il suffira d'indiquer le sujet de chacun des six Livres ou chapitres qui le complètent.

Le cinquième a pour sujet *La Lune,* son aspect, sa constitution physique, ses dimensions, les croyances et légendes populaires et poétiques concernant cet astre, comme les époques de l'année que son cours détermine.

Les Éclipses et les *Marées*, les *Planètes*, les *Comètes*, les *Étoiles filantes*, et enfin le *Calendrier grégorien*, forment respectivement la substance de chacun des cinq derniers Livres, traités toujours suivant la même méthode et enrichis de tous les détails historiques ou littéraires qui peuvent y avoir trait.

On ne voit pas trop, toutefois, d'après le compte-rendu qui précède, quels sont les éléments anecdotiques et poétiques qui figurent dans cette *Astronomie*. Il reste à le faire connaître, ce qui sera facile, au moyen de quelques citations prises un peu au hasard.

Dans le chapitre sur les éclipses et les marées, par exemple, à propos de l'éclipse solaire du 1er janvier 1889, visible aux environs de San Francisco, nous est donné le très émouvant récit d'une éclaircie obtenue au milieu d'un ciel obstinément couvert de nuages, juste pour le moment de la totalité de l'éclipse, et cela par l'intercession de la sainte Vierge. La mission scientifique américaine chargée d'observer le phénomène se composait de cinq astronomes dont un Père jésuite et quatre protestants (1). Loin de s'éclaircir, le ciel se couvrait de plus en plus, les quatre astronomes protestants se décourageaient. Le religieux employa ses soins à les rassurer, leur promettant, au nom de la bonne Mère qui est au ciel et qu'il invoquait à cet effet, que les nuages s'écarteraient pendant quelques instants après le premier contact, de manière à laisser voir très complètement la totalité. Les professeurs, comme on pense, avaient peu de confiance dans la prédiction ; il en arriva cependant comme elle avait dit : une trouée se fit dans les nuages, peu large mais suffisante pour percevoir en toute liberté le phénomène après le premier contact, mais avant la pleine totalité. La joie de tous fut égale à la stupéfaction de quatre d'entre eux.

Un autre exemple encore d'anecdote. Cette fois c'est à l'occasion de la détermination de la latitude. Le fait est rapporté par Dumont d'Urville dans son *Voyage autour du monde*. Le baron suédois Norberg s'employait chaque jour, par forme de passe-temps, à *faire le point*, armé d'un sextant, à bord d'un navire

(1) Le R. P. Chapporin, de Saint-Louis (Missouri), et MM. les Professeurs Pritchett, Nipher, Engler et Vuller. L'auteur de *L'Astronomie pittoresque* publie le récit même du P. Chapporin donné successivement dans la *Semaine religieuse* de Vannes, dans l'*Univers* du 27 juin 1890, et enfin dans la *Semaine religieuse* de Cambrai, du 5 juillet suivant.

chinois où il se trouvait comme passager sur l'océan Indien. Le commandant (chinois) du bâtiment l'observait avec curiosité. L'opérateur lui expliqua le mieux qu'il put, par l'intermédiaire d'un interprète, le mécanisme de l'opération et lui montra comment, au moyen d'un réflecteur et de verres colorés, il ramenait sur la ligne de l'horizon le disque du soleil dépourvu de rayons. Le marin chinois parut vivement impressionné de cette expérience physique et tint à peu près ce langage au voyageur suédois : " Oui, tu fais venir le soleil au niveau de l'océan ; tu sais, de cette manière, à quelle hauteur il est ; je comprends cela. Mais si tu calcules ainsi l'élévation, tu dois calculer aussi la profondeur. Combien y a-t-il de pieds d'eau sous le navire ? „

Cette fantastique appréciation rappelle le légendaire et facétieux problème : Un navire à voiles est arrêté par un calme plat, il n'a plus que pour tant de jours de vivres ; on demande l'âge du capitaine. On comprend l'ahurissement de Norberg à l'énoncé d'une pareille question.

— " Eh bien ! insista Tzing-Fong, le commandant chinois, tu ne peux pas me dire la profondeur de la mer ?.... Tu vois donc que ta science est vaine et que vous autres d'Europe, vous n'en savez pas plus que nous. „

Depuis ce jour, ajoute Dumont d'Urville, le digne homme prit en pitié notre théorie nautique ; et ce fut pour lui sans doute un nouveau motif de se complaire dans les procédés de la navigation chinoise.

Veut-on maintenant quelques spécimens de fragments poétiques inspirés soit directement par l'astronomie, soit à l'occasion de phénomènes astronomiques ou de prétentions s'y rattachant ?

Les vers suivants, de Daru, servent d'épigraphe à l'article qui concerne la planète Mercure :

" Dans l'Océan de flamme incessamment plongé,
Roulant sa masse obscure en un orbe allongé,
Divers dans ses aspects, Mercure solitaire
Erra, longtemps peut-être, inconnu de la terre. „

A propos de l'état actuel des connaissances qui nous révèlent la Lune comme un astre dépourvu d'eau et d'atmosphère, et, par suite, inhabitable et inhabité, l'auteur constate que nous voilà bien loin de certains observateurs trop clairvoyants d'il y a deux siècles et demi dont il cite, d'après Molière, ce dialogue :

" *Armande :* Il me tarde de voir notre assemblée ouverte
Et de nous signaler par quelque découverte.

Philaminte : Pour moi, sans me flatter, j'en ai déjà fait une
Et j'ai vu clairement des hommes dans la lune.

Bélise : Je n'ai point encor vu d'hommes, comme je crois.
Mais j'ai vu des clochers tout comme je vous vois (1). „

Voici maintenant Virgile qui, dans la première Géorgique, nous décrit les étoiles filantes :

“ Sæpe etiam stellas, vento impendente, videbis
Præcipiter cœlo labi, noctisque per umbram
Flammarum longos a tergo albescere tractus. „

Dans un ouvrage *pittoresque* sur l'astronomie, la question, si fort à la mode de nos jours, de l'habitation des astres, ne pouvait être évitée. Du moins l'auteur la traite-t-il avec toute la réserve dubitative qui convient en un point où l'on n'a pu jusqu'ici édifier que des “ hypothèses toutes gratuites, de purs jeux d'esprit, fort étrangers à la solution cherchée. „ Sous le bénéfice de cette sage déclaration, il reproduit les beaux vers dans lesquels Fontanes résume les imaginations formulées par les fantaisistes de son temps.

Envisageant la question au point de vue des théologiens, il montre, en s'appuyant sur de Maistre, Rohrbacher, le P. Gratry, le P. Monsabré, le P. Lescœur, qu'ils sont bien plutôt favorables qu'hostiles à une telle hypothèse, qu'aucun dogme ne touche ou ne contrarie d'ailleurs.

En résumé, *L'Astronomie pittoresque* offre une lecture facile, où les données purement scientifiques sont énoncées avec clarté et agréablement entremêlées de passages relevant de l'érudition, mais d'une érudition des plus variées et des plus étendues.

Jean d'Estienne.

(1) *Les Femmes savantes*, acte III, scène II.

THÉORIE NOUVELLE DE LA VIE, par FÉLIX LE DANTEC, ancien élève de l'École normale supérieure, Docteur ès sciences. — 1 vol. petit in-8° de 323 pages. — Paris, Alcan, 1896.

Cet ouvrage, très savant, rempli de faits et d'observations minutieuses, offrant des théories ingénieuses et bien liées, n'échappe pas, cependant, à un défaut, commun au surplus à une trop nombreuse École, qui consiste à repousser dans le domaine de l'inconnaissable tout ce qui ne résulte pas de la constatation immédiate des faits matériels. Autrement dit, l'auteur n'admet pas, ne connaît pas d'autre voie pour arriver à la certitude que le témoignage des sens.

“ Nous ne pouvons, dit-il en terminant, établir de lois que *pour ce qui frappe nos sens*, pour les phénomènes ; aussi ne devons-nous parler que de ce que nous observons. „

Il est cependant des phénomènes parfaitement caractérisés, pleinement susceptibles d'être observés, et qui *ne frappent pas nos sens*. Une autorité que notre auteur, sans doute, ne récuserait pas, feu Thomas Huxley, étendait la méthode d'observation aux phénomènes internes, je veux dire aux phénomènes de l'ordre intellectuel ; et lui qui niait la substance, ou plutôt qui la déclarait incognoscible et se proclamait *agnostique*, considérait toutefois l'existence de la substance spirituelle comme moins improbable que celle de la substance matérielle. N'admettant, lui non plus, d'autre méthode d'arriver au vrai que la méthode d'observation, il ne niait pas, il reconnaissait même, au moins implicitement, comme démontrés par l'observation les phénomènes de l'ordre spirituel (1).

Mais il y a, dans l'École à laquelle il est ici fait allusion, un parti pris de nier toute source de connaissance autre que le témoignage des sens. Et cette École, qui affecte, pour s'en tenir à l'observation des phénomènes, de repousser systématiquement tout principe non tiré de l'expérience, s'appuie sur un *à priori* que non seulement rien ne démontre, mais dont l'expérience interne montre au contraire l'inanité.

Ce n'est pas toutefois que M. Le Dantec ne reconnaisse dans une certaine mesure ce que l'ancienne psychologie appelait les phénomènes de conscience. Mais ceux-ci ne sont à ses yeux que des phénomènes secondaires, accessoires, quelque chose d'analogue à la végétation du gui sur des pommiers ou sur des trembles ; ce sont simplement des *épiphénomènes* greffés sur les vrais phénomènes, sur les phénomènes physiologiques, un peu à la manière dont les plantes dites épiphytes naissent et se développent sur des végétaux proprement dits.

C'est ainsi que notre auteur, beaucoup plus docteur, peut-on croire, ès sciences qu'en philosophie, considère la vie intellectuelle et morale, „ la vie psychique „ comme il l'appelle, — et c'est même la conclusion de son livre, — comme étant „ un épiphénomène de la vie physiologique „. A ses yeux „ l'individualité psychique est le résultat de l'épiphénomène qui accompagne la mémoire. „ Et pour ne laisser aucun doute dans l'esprit du lecteur sur le véritable sens de sa pensée, il ajoute aussitôt, logiquement d'ailleurs, que cette vie psychique „ cesse avec la vie physiologique (2). „

C'est, on le voit, une théorie d'un matérialisme absolu.

Pour arriver à cette conclusion, l'auteur, histologiste expérimenté, commence par établir une distinction, qu'il estime fondamentale, entre ce qu'il appelle la vie plastidaire ou *vie élémentaire* et la vie polyplastidaire ou *la vie* proprement dite ; ce que l'on pourrait appeler, en d'autres termes, vie unicellulaire et vie pluricellulaire.

La vie polyplastidaire ou pluricellulaire, „ la vie „ complète, ne serait autre que la résultante, dans un organisme donné, des

(1) Voir à ce sujet l'excellente notice consacrée à Thomas Huxley, par le R. P. Hahn S. J., dans la livraison d'octobre 1895, et le post-scriptum qu'il y a ajouté dans celle d'avril 1896.

(2) *Théorie nouvelle de la vie*, p. 319.

vies partielles ou élémentaires de toutes les *plastides* ou cellules dont il se compose, de même que la " vie élémentaire „ de chacune de ces cellules ou plastides résulterait des réactions des atomes innombrables dont elle est formée. D'où l'on voit déjà que, contrairement à l'opinion d'autorités scientifiques comme Claude Bernard et de toutes les Écoles spiritualistes, le phénomène de la vie se réduirait à une opération chimique, au moins dans la pensée de notre savant histologiste.

" Nous savons, dit-il page 201, que la vie élémentaire doit être considérée comme une *propriété chimique* de certains corps appelés plastides. „ Mais comme la *vie* proprement dite, la vie complète, n'est que la résultante de toutes les " vies élémentaires „ des cellules ou plastides dont se compose le corps organisé qui la possède, il s'ensuit forcément que la *vie* n'est qu'une propriété chimique, une propriété d'ordre exclusivement matériel par conséquent.

Cependant ce n'est que dans la troisième et dernière partie de son travail que l'écrivain expose explicitement et avec détails ses conclusions franchement matérialistes. Elle a pour titre : *Vie psychique*. C'est la vie psychique à la façon dont l'entend l'auteur. Sans doute on peut la considérer au point de vue des " relations entre la psychologie de l'homme, son histologie et sa physiologie „. Toute la question réside dans la manière de comprendre ces relations ; s'il s'agissait de relations de condition, c'est-à-dire si les phénomènes d'ordre histologique et physiologique étaient considérés comme la *condition* indispensable, mais non comme la *cause* efficiente de la vie psychique, une entente serait possible et même facile avec le savant auteur. Mais c'est de relations de cause à effet et non de relations de condition qu'il entend parler. De là sa théorie des *épiphénomènes* de conscience, produit accessoire, accidentel des faits physiologiques, " épiphénomènes „ dont on ne peut nier l'existence puisqu'elle se constate d'elle-même, mais dont la nécessité ne se constate point et qui pourraient ne pas exister.

En résumé, on retrouve ici, dans un travail très étudié, très approfondi, développé avec le calme et la sérénité qui siéent à la bonne foi, le vice, ou plutôt l'omission, qui fait la faiblesse de la philosophie scientifique dans l'École matérialiste, en la condamnant à n'arriver jamais qu'à une partie de la vérité.

Enchaînée par ce faux principe posé *à priori*, qu'il n'existe pas d'autre mode de recherche des connaissances que l'observation des faits matériels, cette École confond constamment les conditions nécessaires à l'éclosion et à la conservation de la vie, avec la cause même du phénomène de la vie. C'est ainsi que, avec un travail considérable de recherches, d'expériences, d'observations minutieuses qui font le plus grand honneur aux talents d'investigation du savant, le philosophe n'arrive qu'à des conclusions incomplètes et partant fausses, dès qu'elles sont données comme solution entière et définitive.

JEAN D'ESTIENNE.

Imprimerie POLLEUNIS & CEUTERICK, 30, rue des Orphelins, Louvain.
Même maison à Bruxelles, 37, rue des Ursulines.